CIÊNCIAS E LINGUAGEM

CIÊNCIAS

4º ANO
Ensino Fundamental

NOME: _____ TURMA: _____

ESCOLA: _____

Preparado para mais este desafio?

Você já reparou na quantidade de anúncios publicitários com que tem contato diariamente?

Neste complemento, você encontrará vários anúncios desse tipo. Eles abordam alguns assuntos relacionados ao que você estudou em Ciências durante este ano. Dessa maneira, ao mesmo tempo que lê os anúncios publicitários, você pode rever aquilo que aprendeu.

No final, você será convidado a trabalhar com os colegas de sala para fazer folhetos e cartazes com anúncios publicitários com temas que você estudou neste ano.

🗨️ Os anúncios publicitários estão presentes em jornais, revistas, cartazes, folhetos, *outdoors*, entre outros suportes. Vamos observar como eles são compostos?

Nesta página e na próxima, você vai encontrar dois textos publicitários no formato de cartaz. Destacamos, em ambos, algumas partes importantes. Preste atenção nessas sinalizações. Assim, quando for planejar os próprios anúncios publicitários, poderá se orientar por esses exemplos!

Um texto, geralmente curto, busca chamar a atenção do leitor para aquilo que vai ser divulgado (produto ou ideia).

A imagem ilustra a ideia ou o produto que se quer divulgar de uma maneira positiva, original, sugestiva. Neste caso, a trilha na mata representa uma passagem para a exuberância e a beleza da natureza.

Um texto, em geral mais longo, acrescenta informações ao anúncio ou dá esclarecimentos sobre o que está sendo anunciado.

AQUI SÓ ENTRA QUEM RESPEITA A NATUREZA.

A natureza está bem aí, de portas abertas para nós. O que temos de lhe dar em troca é nada mais do que respeito.

O QUE VOCÊ TEM FEITO EM RESPEITO À NATUREZA?

Reprodução proibida. Artigo 184 do Código Penal e Lei 9 610, de 19/2/1998.

4

Um texto, geralmente curto, busca chamar a atenção do leitor para aquilo que vai ser divulgado (produto ou ideia).

Não dá mais para desperdiçar nenhuma gota de água.

A imagem ilustra a ideia ou o produto que se quer divulgar. Neste caso, um guarda-chuva de ponta-cabeça sugere a necessidade de se evitar deixar a água "escorrer", ou seja, evitar desperdiçá-la.

Preservar a água, um dos nossos recursos naturais mais valiosos, é obrigação de todos. Por isso, a Cargill tem como meta mundial a **redução de 2% no consumo de água** até o final do ano e convida você a adotar novos hábitos, em prol da economia de água, em seu dia a dia. **Faça a sua parte.**

22 de março, Dia Mundial da Água.

Um texto, em geral mais longo, acrescenta informações ao anúncio ou dá esclarecimentos sobre o que está sendo anunciado.

1. Veja este anúncio publicitário em formato de cartaz.

2. Agora, analise o anúncio e reveja o que você estudou neste ano.
   a) Troque ideias com os colegas:
   - O que esse anúncio está divulgando?

b) Identifique e contorne os textos do cartaz que chamam a atenção do leitor para o que é divulgado.

c) Escreva um parágrafo curto para explicar esse anúncio.

d) Que seres vivos poderiam aparecer nesse anúncio?

e) Um cientista que estava no Pantanal ficou observando as aves que apareciam na região. Escreva o que você imagina que esse pesquisador pode ter escrito em sua caderneta de campo.

f) Planeje, no espaço abaixo, um cartaz em que apareçam seres vivos do Pantanal e que estimule a preservação desse ambiente.

Você pode procurar, em jornais e revistas, imagens de animais típicos do Pantanal para compor o seu cartaz.

3 Veja agora este outro anúncio, divulgado em um *outdoor*.

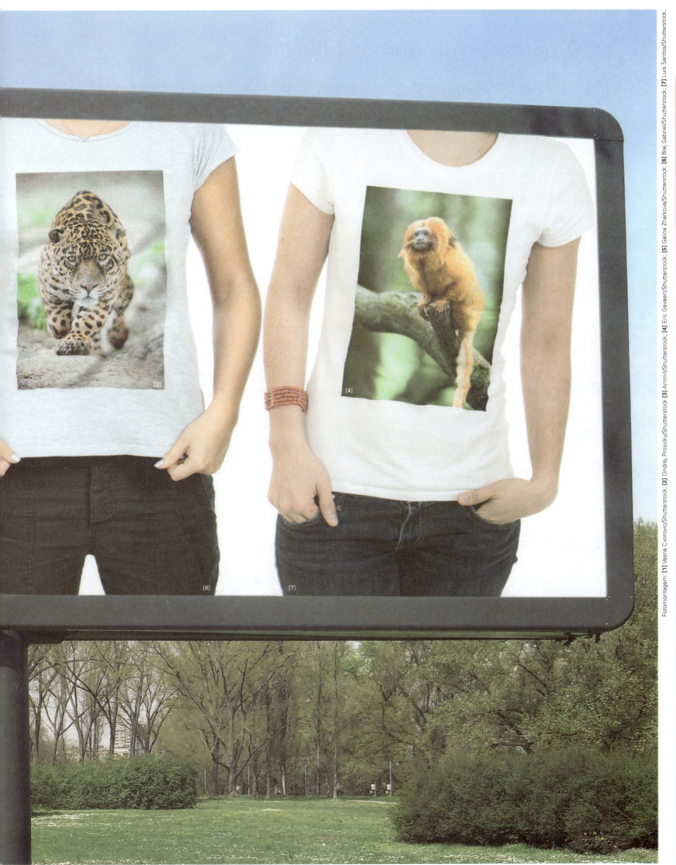

Ciências e Linguagem

4 Agora, analise o anúncio e reveja o que você estudou neste ano.

a) Troque ideias com os colegas:

- O que está sendo divulgado no *outdoor*?

b) Identifique o texto que chama a atenção do leitor para o que é divulgado.

_____
_____

c) Identifique o texto que dá mais explicações sobre o que é divulgado.

_____
_____
_____
_____

d) Escreva um parágrafo curto para explicar esse anúncio.

_____
_____
_____

e) Escreva um texto curto explicando o seguinte:

- Por que os seres vivos apresentados nesse anúncio estão em risco de extinção?

_____
_____
_____
_____
_____

f) Relembre o que você aprendeu neste ano sobre o Projeto Tamar. Depois, utilize o espaço abaixo para planejar um anúncio publicitário que divulgue esse projeto.

g) É hora de trocar ideias!

Imagine que uma pessoa criticou a campanha divulgada no anúncio de *outdoor* das páginas 10 e 11 dizendo: "É tudo enganação! No final, esses projetos de preservação não dão resultados.".

Converse com os colegas:

- Essa pessoa tem razão? Por quê?
- De que maneira uma pessoa que contribuiu com um projeto de preservação pode obter informações sobre os resultados desse projeto?

5. Veja abaixo uma campanha publicitária divulgada na forma de cartaz.

6 Agora, analise o anúncio dessa campanha e reveja o que você estudou neste ano.

a) Escreva um parágrafo para explicar o que essa campanha está divulgando.

_____
_____
_____
_____
_____
_____
_____
_____

b) Qual é a instituição que teve a iniciativa de fazer essa campanha?

_____
_____
_____
_____

c) Identifique o texto que chama a atenção do leitor para o que é divulgado.

_____
_____
_____
_____
_____
_____
_____
_____

d) Identifique o texto que dá mais explicações sobre o que é divulgado.

_____

_____

_____

e) Que outro elemento, além dos textos escritos, ajuda o leitor a perceber o que o cartaz está divulgando? Explique.

_____

_____

_____

_____

f) Pesquise outras iniciativas para ajudar no combate ao mosquito *Aedes aegypti* e utilize o espaço abaixo para planejar como seria um cartaz que divulgue uma dessas iniciativas.

g) No quadro a seguir, crie um folheto publicitário para informar à população como contribuir para acabar com a dengue e outras doenças transmitidas pelo mosquito *Aedes aegypti*.

Veja o modelo abaixo e represente, por meio de desenhos e textos curtos, algumas formas de combater a multiplicação desse inseto.

Mantenha tonéis e barris de armazenar água sempre tampados.

7 Troque ideias com os colegas: O que significa dizer que, se o perigo aumentou, a responsabilidade de todos também é maior?

8 Veja este anúncio publicitário em formato de cartaz.

A volta às aulas está chegando:

Você já pensou no caderno que vai usar?

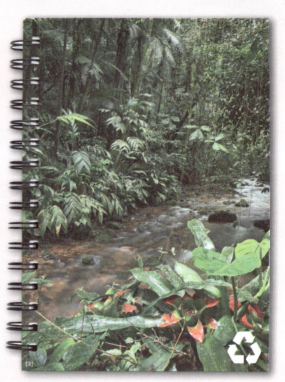

Ajude a virar essa página. Prefira cadernos feitos com papel reciclado.

Você sabia que o papel é feito de árvores? E que o papel que foi jogado no lixo pode ser processado e utilizado para fazer papel reciclado? É o que nossa empresa faz, e esse é o modo que encontramos para contribuir com a preservação do meio ambiente. Além disso, nosso papel reciclado tem alta qualidade. Dois bons motivos para escolher nossos cadernos e começar o ano ajudando a natureza, você não acha?

9 Agora, analise o anúncio e reveja o que você estudou neste ano.

a) Identifique o texto que chama a atenção do leitor para o que é divulgado.

b) Identifique o texto que dá mais explicações sobre o que é divulgado.

c) Compare as duas imagens que aparecem nesse anúncio publicitário. O que a primeira imagem sugere? E a segunda?

d) Escreva um parágrafo curto para explicar esse anúncio publicitário.

e) O papel é feito a partir de que tipo de recurso natural: renovável ou não renovável? Explique sua resposta.

f) Crie uma frase de efeito ou um texto curto com o objetivo de chamar a atenção dos leitores para a relação entre os nossos hábitos de consumo e a quantidade de recursos que consumimos.

_____

_____

_____

g) Use o espaço abaixo para planejar um cartaz publicitário divulgando os três Rs:

– Reduzir o desperdício.

– Reutilizar o que for possível.

– Reciclar o que for reciclável.

h) Converse com os colegas:

- Se explorarmos muito um recurso como a madeira, corremos o risco de no futuro esse recurso natural não estar mais disponível?
- Se explorarmos muito um recurso como o ferro, corremos o risco de no futuro esse recurso natural não estar mais disponível?

10 Veja este cartaz de outra campanha publicitária.

11 Agora, analise o cartaz da página anterior e reveja o que você estudou neste ano.

a) Identifique o texto que chama a atenção do leitor para o que é divulgado.

_____

_____

_____

b) Planeje, no espaço abaixo, um cartaz para uma campanha de incentivo à economia de energia elétrica. Dê um título para a sua campanha ou crie uma *hashtag* para divulgá-la. Não se esqueça de escrever uma frase impactante com as informações principais.

c) É hora de trocar ideias!
Imagine que uma pessoa afirmou: "Para que vou ficar economizando energia se todos vão continuar gastando da mesma maneira?".
Converse com os colegas:
- Você concorda ou não com essa opinião?
- O que você pensa sobre esse assunto?

Chegou a hora de finalizar este trabalho.

É o momento de fazer, com os colegas, cartazes e folhetos com anúncios publicitários para divulgar a ideia do respeito à natureza.

Como fazer

1. Com um colega, escolham o tema sobre o qual será o cartaz ou folheto que vocês vão produzir. O tema, ligado à ideia do respeito à natureza, deverá ter sido estudado nas aulas de Ciências deste ano.

2. Escrevam uma primeira versão.

3. Releiam o cartaz ou folheto que vocês estão criando e definam um título chamativo. Depois, insiram desenhos ou fotos.

4. Façam uma revisão do que vocês produziram e modifiquem o que julgarem necessário.

5. Peçam a um colega que leia o cartaz ou folheto de vocês: ele fará críticas e também a revisão do que vocês criaram.

6. Reescrevam o cartaz ou folheto procurando atender aos comentários do colega.

7. Finalmente, com os colegas e com a ajuda do professor, divulguem o material que todas as duplas produziram.

Ciências e Linguagem

ÁPIS DIVERTIDO

4º ANO
Ensino Fundamental

CIÊNCIAS

● ESTE MATERIAL PODERÁ SER DESTACADO E USADO PARA AUXILIAR O ESTUDO DE ALGUNS ASSUNTOS VISTOS NO LIVRO.

NOME: _____ TURMA: _____

ESCOLA: _____

editora ática

Jogo das relações alimentares

Destaque as cartas desta e da próxima página para brincar com o **Jogo das relações alimentares** das páginas 14 e 15 do seu livro.

Sucuri
Uma das maiores serpentes do mundo, as sucuris podem chegar a 9 metros de comprimento e pesar 90 quilos. Vivem dentro da água e nas margens de rios e lagos. Alimentam-se de peixes, sapos, lagartos, cobras, jacarés, aves e mamíferos. Podem dar o bote dentro ou fora da água e matam suas presas por constrição (se enrola no corpo do animal e o esmaga). Depois da ingestão, ficam vários dias em repouso para a digestão.

Curimbatá
É uma das espécies de peixe mais comuns do Pantanal. Os curimbatás alimentam-se de microrganismos associados à lama do fundo de lagos e das margens de rios. Podem ultrapassar 60 centímetros de comprimento e pesar 5 quilos. São conhecidos pelos grandes cardumes que formam durante a migração, nadando rio acima na época de reprodução.

Onça-pintada
As onças-pintadas vivem em matas, especialmente nas proximidades de rios. Alimentam-se de porcos-do-mato, aves, peixes, antas, capivaras, etc. São grandes predadoras e saem sozinhas para caçar suas presas, geralmente à noite. O corpo das onças-pintadas pode atingir mais de 2 metros de comprimento, incluindo a cauda.

Capivara
As capivaras habitam as matas que margeiam os rios e os pantanais. Nadam e mergulham muito bem. Atingem de 1 a 1,30 metro de comprimento e cerca de 50 centímetros de altura. Vivem em bandos e se alimentam de plantas.

Tuiuiú
São a ave-símbolo do Pantanal. Com as asas abertas, os tuiuiús ultrapassam 2 metros de envergadura (da ponta de uma asa até a ponta da outra asa). Têm o corpo branco e as pernas escuras, bem como o bico, a cabeça e o pescoço, que termina em uma faixa vermelha. Vivem às margens de grandes rios, lagos e pântanos. Alimentam-se principalmente de peixes.

Tucano-toco
São conhecidos pelo bico longo e predominantemente amarelo. Têm cerca de 50 centímetros de comprimento e pesam até 540 gramas. Vivem aos pares ou em bandos. Possuem dieta variada, composta de frutas, pequenos animais (como insetos e aranhas) e ovos e filhotes de outras aves. Para comer, lançam o alimento para cima, enquanto abrem o bico para o alto.

Dourado
São conhecidos como "reis dos rios" por serem grandes predadores de outros peixes e por seus saltos fora da água. Podem ter até 1 metro de comprimento e 25 quilos. Os dourados nadam em cardumes através das correntezas dos rios e realizam longas migrações durante a temporada reprodutiva.

Ariranha
O corpo das ariranhas é alongado e coberto por pelos curtos, podem chegar a 180 centímetros de comprimento e pesar 32 quilos. Suas patas têm membranas entre os dedos, o que facilita o nado. As ariranhas vivem às margens de rios e caçam principalmente peixes.

Jacarés-do-pantanal
Os jacarés-do-pantanal têm o corpo coberto por duras escamas e uma boca grande com dentes pontudos. Estão adaptados à vida na terra e na água: seus olhos e suas narinas localizam-se em porções altas da cabeça, de forma que podem ficar fora da água enquanto o restante do corpo está submerso. Podem medir mais de 2 metros de comprimento e entre suas presas estão peixes, aves e sapos.

Cervo-do-pantanal
São a maior espécie de cervo do Brasil. Têm, em média, 100 quilos e 160 centímetros de altura e possuem chifres ramificados. Vivem de forma solitária, geralmente em ambientes que permanecem alagados durante a estação de cheia. Alimentam-se de brotos de várias espécies de arbustos e de algumas plantas aquáticas de folhas largas. As fêmeas têm um único filhote a cada gestação, que nasce com pelo da mesma cor dos adultos.

Cateto
Os catetos pertencem ao grupo dos porcos-do-mato brasileiros. No Pantanal, habitam preferencialmente áreas mais fechadas, como ambientes de mata, onde encontram muitas sementes, seu principal alimento. Vivem em bandos de até 25 indivíduos. Os catetos têm, em média, 18 quilos e 40 centímetros de altura; são cobertos por pelagem de cor acinzentada, com uma faixa branca no pescoço (que parece um colar mais claro).

Piranha-vermelha
Vivem em cardumes de até 100 indivíduos que habitam rios, lagos e lagoas de águas barrentas. As piranhas-vermelhas têm dentes afiados que utilizam para se alimentar, principalmente, de peixes e invertebrados aquáticos, como insetos, moluscos e crustáceos. O corpo, cinza no dorso e avermelhado no ventre, pode alcançar 30 centímetros de comprimento.

Formigas-cortadeiras
Com comprimento médio de 1,5 centímetro, as formigas-cortadeiras caminham pela paisagem do Pantanal à procura de vegetais. Elas cortam e carregam pedaços de plantas para dentro do formigueiro. Mas não se alimentam desses pedaços – eles são utilizados no cultivo de um tipo de fungo. É esse fungo que serve de alimento para os jovens e os adultos de formigas.

Tamanduá-bandeira
Os tamanduás-bandeira têm o pelo cinza-escuro com uma listra branca que se estende do pescoço até as costas e medem cerca de 2 metros de comprimento, incluindo a cauda. Suas patas apresentam cinco longas garras, muito úteis para abrir formigueiros e cupinzeiros. Têm focinho e língua bem alongados, o que os ajuda a recolher algumas espécies de formiga e principalmente de cupim, que são a base de sua alimentação.

Perereca-de-bananeira
São animais com a pele em tom marrom claro e uma faixa mais escura na altura dos olhos. Podem medir 8 centímetros de comprimento. Ficam escondidas na folhagem das árvores durante o dia e à noite se deslocam para áreas próximas a rios e lagos, onde procuram alimento, principalmente insetos e aranhas.

Lagarto-jacaré
São encontrados em margens de rios e lagos. Utilizam a água para escapar de predadores e se alimentar. Comem geralmente caramujos aquáticos, cujas conchas conseguem quebrar com suas fortes mandíbulas. Podem atingir 120 centímetros de comprimento, têm cauda larga e grossas escamas, sendo muitas vezes confundidos com jacarés (o que lhes rendeu o nome de lagarto-jacaré).

Animais ameaçados de extinção

Destaque os animais desta e da próxima página para brincar com o jogo **Risco de extinção**, indicado na página 23 do seu livro e cujo tabuleiro encontra-se na sequência deste **Ápis divertido**.

Elementos representados em tamanhos não proporcionais entre si.

Anta.

Bicho-preguiça.

Imagens: SaveJungle/Shutterstock

7

◖ Elementos representados em tamanhos não proporcionais entre si.

● Anta.

● Harpia.

Imagens: SaveJungle/Shutterstock

Risco de extinção

Vamos percorrer a trilha para o jogo **Risco de extinção**.

Quantidade de jogadores
- 2 ou 3

Material
- Peças de animais das páginas 7 e 9.
- Dado numérico da página 13.
- Feijões ou tampinhas de garrafa.

Como jogar
- Sorteie a ordem de jogada e a espécie animal (bicho-preguiça, harpia ou anta) para cada participante.
- Antes do início, cada jogador deve receber três peças do mesmo animal. Essa será a população inicial de cada espécie.
- Na sua vez, lance o dado para saber quantas casas percorrer na trilha. Marque o avanço no tabuleiro com os feijões ou as tampinhas de garrafa.
- Se cair em uma casa escura, pegue mais uma peça do seu animal: a população está aumentando.
- Se cair em uma casa clara, descarte uma peça do seu animal: a população está diminuindo.
- Vence quem alcançar a chegada primeiro sem que a espécie do seu animal seja extinta.

Destaque o dado para brincar com o jogo **Risco de extinção**.

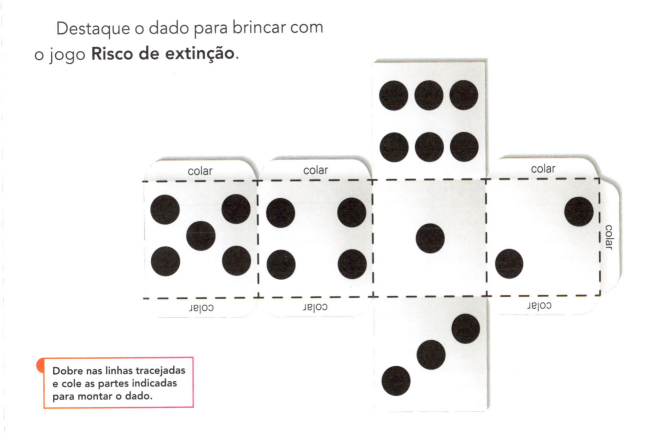

Dobre nas linhas tracejadas e cole as partes indicadas para montar o dado.

Recursos naturais

Destaque as cartas desta e da próxima página e brinque com o jogo **Qual é o recurso natural?**, cujo tabuleiro encontra-se no final deste **Ápis divertido**.

petróleo

argila

calcário

13

algodão

madeira

sal

água

cobre

minério de ferro

seda

cana-de-
-açúcar

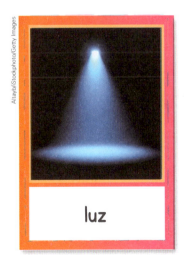
luz

15

Qual é o recurso natural?

Chegou a hora de fazer boas perguntas para testar o que vocês sabem sobre os recursos naturais em um jogo divertido.

Quantidade de jogadores
- 2

Material
- Cartas das páginas 13 e 15.

Como jogar
- Levante as abas do tabuleiro e cole as cartas viradas para você de modo que o jogador a sua frente não possa ver a disposição que você escolheu.
- Cada jogador deve escolher uma carta com um dos recursos naturais enquanto o outro jogador deve adivinhar qual foi o recurso escolhido.
- Para isso, cada jogador deve fazer perguntas, alternadamente, de uma característica do recurso natural escolhido. Importante: são válidas apenas perguntas cujas respostas sejam "sim" ou "não". Exemplo: "Seu recurso natural é renovável?" ou "Combustíveis são produzidos a partir do seu recurso natural?".
- Cada resposta do colega fornece pistas sobre o recurso natural que ele escolheu. Depois de ouvir cada resposta, você deve abaixar as abas contendo os recursos naturais que não se enquadram nas informações obtidas. Veja exemplos em casos de respostas positivas e negativas na página seguinte.

Caso 1:

- Sua pergunta: "Seu recurso natural é proveniente de um ser vivo?"
- Resposta do colega: "Não."
- Como proceder: abaixar as abas de recursos provenientes de seres vivos (algodão, petróleo, madeira, seda e cana-de-açúcar).

Caso 2:

- Sua pergunta: "Seu recurso natural é proveniente de um ser vivo?"
- Resposta do colega: "Sim."
- Como proceder: abaixar as abas de recursos que não são provenientes de seres vivos (argila, calcário, sal, água, cobre, minério de ferro, luz).

- A cada rodada, dependendo da sua pergunta, você fica com menos abas levantadas. Em determinado momento, restará apenas uma. Se você tiver abaixado corretamente as abas a cada resposta, o recurso presente na única aba levantada é o mesmo da carta do colega.

Projeto Ápis

CADERNO DE ATIVIDADES

CIÊNCIAS

4º ANO

Ensino Fundamental

NOME: _____ TURMA: _____

ESCOLA: _____

editora ática

Sumário

Unidade 1 ▶ Ambiente e seres vivos
Capítulo 1 – Cadeias alimentares, **4**
Capítulo 2 – Não à extinção!, **6**
Capítulo 3 – Reprodução e desenvolvimento, **9**

Unidade 2 ▶ Água, solo e ser humano
Capítulo 4 – Cuidando do solo e de suas águas, **11**
Capítulo 5 – A água em casa, **14**

Unidade 3 ▶ Recursos naturais e transformações
Capítulo 6 – Transformações químicas, **16**
Capítulo 7 – Recursos naturais, **18**
Capítulo 8 – Metais e ligas metálicas, **21**

Unidade 4 ▶ Invenções engenhosas
Capítulo 9 – Um mundo de invenções, **23**
Capítulo 10 – Invenções para nos orientarmos: no tempo e no espaço, **25**

Uma leitura – um resumo, 28

Unidade 1

Capítulo 1
Cadeias alimentares

1 Leia as afirmações e descubra o nome de oito seres vivos que podem ser encontrados no Pantanal. Depois, complete a cruzadinha.

1. Sou um animal voador. Alimento-me de peixes, serpentes, pássaros e lagartos.
2. Sou um mamífero terrestre. Na minha cabeça pode haver uma galhada. Alimento-me de vegetais.
3. Sou um mamífero de hábitos noturnos. Posso me alimentar de frutos, insetos, ratos e aves.
4. Sou um mamífero caçador. Saio geralmente à noite e posso caçar porcos-do-mato, aves, peixes e antas.
5. Sou uma ave colorida. Alimento-me de frutos e sementes.
6. Vivo sempre próximo da água. Posso me alimentar de peixes, lontras, sapos e aves.
7. Sou a ave-símbolo do Pantanal. Alimento-me, entre outras coisas, de peixes.
8. Sou um peixe muito voraz na época seca.

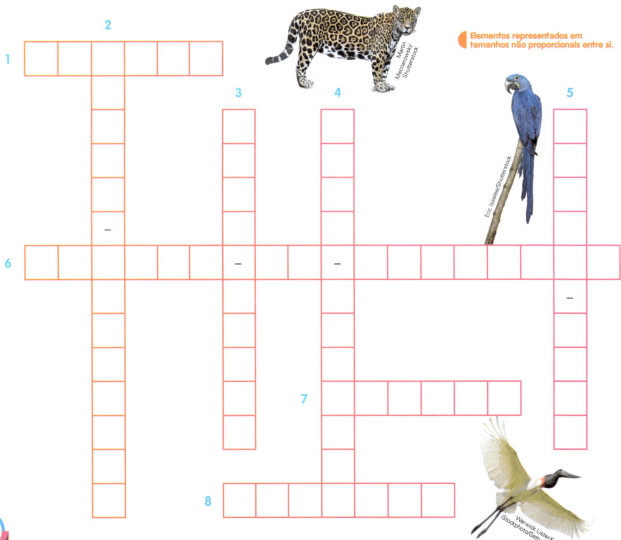

Elementos representados em tamanhos não proporcionais entre si.

2 Faça esquemas para representar as relações alimentares descritas nos itens a seguir, como no exemplo.

a) As **jaguatiricas** caçam à noite. **Cutias** e **lagartos** podem ser comidos por elas.

Jaguatirica.

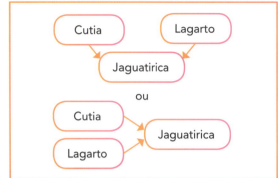

Cutia.

Lagarto.

b) Os **papagaios** comem **frutos** e **sementes**.

c) Os **jacarés** são bastante caçados pelo **ser humano**. Eles se alimentam de peixes como **pacu** e **piranha**. As piranhas se alimentam de **outros peixes**, enquanto os pacus consomem **plantas** e **pequenos animais**.

Unidade 1
Capítulo 2
Não à extinção!

1 Leia as fichas abaixo. Depois, responda às questões.

Rã-da-cachoeira

É encontrada na Mata Atlântica da região de Campinas, São Paulo. Alimenta-se principalmente de pequenos insetos e aranhas. Está ameaçada de extinção porque as matas da região onde vive estão sendo devastadas.

Até 35 mm.

Jacutinga

Ave mansa, predominantemente preta, mas com partes do corpo brancas e vermelhas, e bico azulado. Ocorre na Mata Atlântica. Tem sido muito caçada por sua carne e também para ser vendida ilegalmente.

Até 74 cm.

Ariranha

Este animal vive em rios e se alimenta de peixes, sapos, caranguejos e lagartos. A poluição dos rios tem tornado a comida escassa, ocasionando a diminuição da população das ariranhas.

Até 1,80 m, incluindo a cauda.

a) Cite algumas causas que tornam esses seres vivos ameaçados de extinção.

_____

_____

b) Reúna-se com alguns colegas. Juntos, escolham um dos seres vivos das fichas e façam um cartaz alertando sobre a situação dele na natureza.

2 Você acha que retirar animais do ambiente onde vivem e criá-los como animais de estimação pode contribuir para salvá-los ou para colocá-los mais ainda em risco de extinção? Na sua resposta, procure citar os dois seres vivos mostrados abaixo.

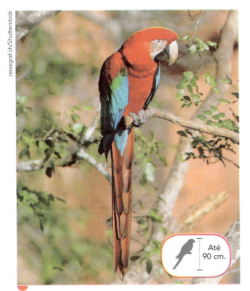

Arara-vermelha-grande.

Mico-leão-dourado.

3 Observe as fichas de três animais ameaçados de extinção.

a) Complete as informações sobre reprodução utilizando o banco de palavras.

> gestação   ninho   postura   metamorfose   eclodem   reprodução   ovos

Tetra-vermelho

Tamanho do adulto: aproximadamente 3 centímetros.
Alimentação: principalmente insetos e pequenos vermes.

Reprodução: a fêmea pode produzir, em média, 250 _____ por episódio reprodutivo. Após dois dias de desenvolvimento, os filhotes _____. Esses peixes passam por _____: dos ovos nascem larvas (chamadas alevinos) que se desenvolvem independentemente até atingir a fase adulta (retratada na fotografia).

Mutum-de-bico-vermelho

Tamanho do adulto: aproximadamente 84 centímetros.
Alimentação: folhas, sementes e frutos caídos e pequenos animais (como insetos e caracóis).

Reprodução: o macho constrói o _____ onde a fêmea deposita, geralmente, dois ovos. Os filhotes eclodem por volta de 30 dias após a _____. Pai e mãe cuidam da prole.

Macaco-de-cheiro-de-cabeça-preta

Tamanho do adulto: aproximadamente 40 centímetros.
Alimentação: frutos e pequenos insetos e aranhas.
Reprodução: a fêmea gera, normalmente, um filhote após cinco meses de _____. Os dois permanecem juntos por volta de 2 anos, quando o filhote começa a buscar alimento sozinho. Apenas após esse período é que a fêmea está pronta para _____ novamente.

b) Assinale o animal que possui maior período de desenvolvimento dentro do ovo.

☐ Macaco-de-cheiro

☐ Tetra-vermelho

☐ Mutum-de-bico-vermelho

c) Assinale o animal que não cuida dos filhotes.

☐ Macaco-de-cheiro

☐ Tetra-vermelho

☐ Mutum-de-bico-vermelho

Capítulo 3
Reprodução e desenvolvimento

1. Veja o que aconteceu em uma atividade que as crianças fizeram na escola.

- Converse com os colegas sobre o resultado obtido pelas crianças em seu cultivo. Depois, responda: Por que será que as sementes não se desenvolveram?

_____
_____
_____
_____
_____

2 Por que o observador diz que logo surgirão os frutos, ao perceber que as flores apareceram? Qual é a relação entre flores e frutos?

Pessegueiro.

3 Um grupo de alunos criou fichas com suas observações sobre o desenvolvimento dos girinos. Complete o texto utilizando os termos do banco de palavras.

| traseiras | cauda | 15 de abril | 10 de maio | dianteiras |

Observação de girinos
Data: _____
Características
Partes do corpo visíveis: cabeça, _____ e pernas _____.
Mudança no tamanho da cauda: a cauda diminuiu.

Observação de girinos
Data: _____
Características
Partes do corpo visíveis: cabeça, cauda, pernas traseiras e _____.
Mudança no tamanho da cauda: a cauda diminuiu.

Unidade 2

Capítulo 4

Cuidando do solo e de suas águas

1. Leia a história em quadrinhos abaixo e veja o que a Mônica sugere para evitar a procriação do mosquito transmissor da dengue.

Turma da Mônica, n. 774, Banco de Imagens MSP.

- Agora é a sua vez! Em uma folha avulsa, crie uma história em quadrinhos para alertar as pessoas sobre doenças que, de alguma maneira, se relacionam com a água e o solo.

2 Em uma folha à parte, faça um cartaz explicando como evitar a contaminação pelo microrganismo que causa a cólera. Veja como ficou o cartaz de um aluno.

3 Termine os esquemas que começaram a ser feitos e que resumem parte do que você estudou.

4 Um grupo de alunos ficou em dúvida sobre qual seria a melhor frase para contar o que haviam observado ao fazer a atividade das minimontanhas com curvas de nível. Leia o que estavam conversando.

- Troque ideias com os colegas e responda: Qual das três frases você aconselharia que o grupo de alunos escrevesse? Explique a sua resposta.

___
___
___
___

Unidade 2

Capítulo 5

A água em casa

1 Vamos construir uma **maquete** do sistema de distribuição de água de uma cidade?

maquete: reprodução em miniatura de um edifício, de uma cidade, de uma paisagem, etc.

Material
- Canudos
- Garrafas plásticas
- Mangueiras de borracha de diversos comprimentos
- Outros materiais que sua imaginação sugerir (palitos de sorvete, pecinhas de madeira, de papelão e de plástico, etc.)

Como fazer

1. Indique os locais das ruas e faça os prédios e as casas da cidade.
2. Faça o reservatório da cidade: no ponto mais alto da maquete, coloque uma garrafa com água.

3. Use as mangueiras para ligar o reservatório às casas. A água deverá chegar a todas elas.

2 Em uma folha avulsa, crie um folheto com orientações para cuidar da água. Veja como ficou o folheto produzido por um aluno.

> No seu folheto, dê sugestões para que a água não seja poluída nem contaminada.

> Inclua também dicas para que a água não seja desperdiçada.

Cuidados com a água

Não jogue lixo nos rios. Afinal, a água que você bebe também vem dos rios.

Você já pensou em quanta água se gasta para lavar o quintal com mangueira? Na próxima vez use um balde.

> Distribua seu folheto a pessoas da família e amigos. Leia o folheto de outros colegas para descobrir alguma dica diferente.

- Use o espaço abaixo para planejar seu folheto.

Unidade 3

Capítulo 6
Transformações químicas

1 Preencha a cruzadinha com o nome de um dos materiais utilizados para a fabricação de cada objeto.

> Elementos representados em tamanhos não proporcionais entre si.

2 Com base nos objetos do exercício anterior, complete a tabela. Na última coluna, indique um exemplo de outro material que poderia ser utilizado na fabricação do objeto (se na imagem o material é do tipo natural, indique um exemplo sintético, e vice-versa).

Objeto	Material	Sintético ou natural	Outro exemplo de material
Taça	Vidro	Sintético	Pedra-sabão (natural)
Lancheira			
Frigideira			
Casaco			
Vaso			
Colher			

16

3 Leia a notícia sobre a proibição da venda de alguns tipos de álcool líquido.

Álcool líquido acima de 54° GL não pode ser comercializado

[...]

Os consumidores devem ficar atentos [...]. Uma determinação [...] tirará de circulação o álcool líquido com graduação maior que 54° GL [ou seja, com mais de 46% de álcool].

O coordenador [...] Francisco Macilha explica: "O álcool líquido não está proibido. O que está proibido é o álcool líquido em alta graduação, acima de 46%. O álcool 46% na forma líquida é mais diluído e continua sendo permitido. Quanto mais alta a graduação, mais álcool tem e menos água. Acima de 46% só pode ser comercializado em gel. Mas esses valores estão especificados no rótulo dos produtos".

[...]

Após a [...] [proibição], houve uma redução de 60% dos casos de acidentes com álcool, por ano, segundo estimativa da Sociedade Brasileira de Queimaduras. Acidente com álcool reduziu de 150 mil para 60 mil e acidente com crianças, envolvendo álcool, reduziu de 45 mil para 18 mil. [...] "As pessoas sempre têm que ter cuidado ao manusear álcool. Em gel ele também pega fogo, mas para acender uma churrasqueira, por exemplo, ele não espalha tanto quanto o líquido. Geralmente a pessoa joga o álcool da garrafa direto na churrasqueira e com o álcool gel não tem essa possibilidade da chama vir em direção à garrafa, causando um sério acidente.

TERRA, Camila. Álcool líquido acima de 54° GL não pode ser comercializado. 1º mar. 2013. *Blog* da saúde. Disponível em: <www.blog.saude.gov.br/32021-alcool-liquido-acima-de-54-gl-nao-pode-ser-comercializado>. Acesso em: jan. 2020.

a) Analise os símbolos apresentados na página 98 do seu livro e responda: Qual tem relação com o álcool?

_____

b) Observe atentamente os dois rótulos dos produtos ao lado e contorne aquele que teve a **venda proibida**.

c) Que tipo de transformação química ocorre com a queima de carvão com álcool na churrasqueira? Como ela pode ser definida?

_____

_____

Unidade 3

Capítulo 7

Recursos naturais

1 Complete os espaços com os recursos naturais utilizados para cada objeto apontado na sala de aula. Em seguida, classifique-os em renováveis ou não renováveis.

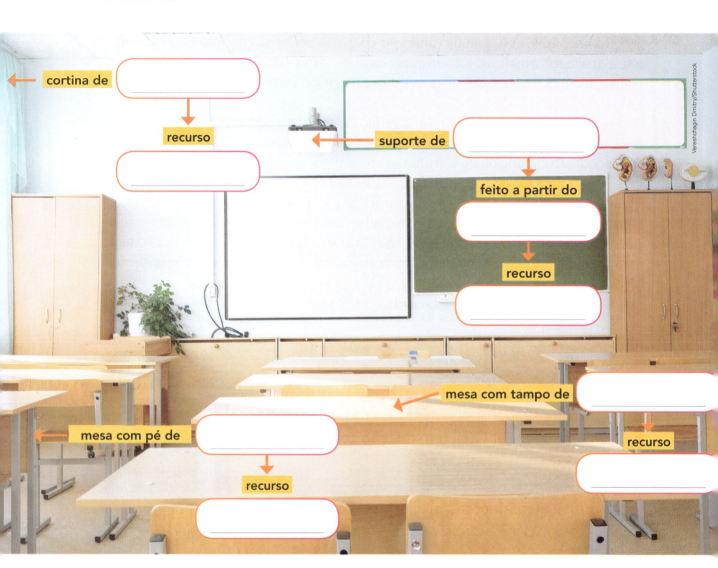

- Converse com os colegas: Por que se diz que é preciso utilizar os recursos naturais não renováveis de forma **sustentável**?

> **sustentável:** que atende às necessidades atuais sem esgotar a disponibilidade para as próximas gerações.

2 A madeira é um recurso muito presente nas escolas. Além dos móveis, esse material constitui um dos objetos mais utilizados nas atividades escolares: o lápis. Leia as etapas de fabricação dos lápis, faça um desenho representando cada uma delas e numere-as de acordo com a sequência de produção.

☐ **Cor:** o miolo colorido é chamado mina de cor, produzido com cera, água e pigmento do tom desejado. É misturado até se transformar em uma pasta que é prensada e cortada.	
☐ **Acabamento:** cada lápis é mergulhado em tinta e envernizado. Em seguida, são impressos dados como a marca do fabricante e o número da cor. Por fim, o lápis é apontado mecanicamente.	
☐ **Corte:** as madeiras colhidas são cortadas em pedaços retangulares. São tingidas e guardadas por até 60 dias para secar.	
☐ **Encaixe:** depois de secas, as minas se firmam e engrossam. São encaixadas em meio a dois pedaços retangulares de madeira (como um sanduíche), que são colados e deixados para secar.	
☐ **Colheita de madeiras:** árvores plantadas para essa finalidade são cortadas e enviadas para a fábrica.	
☐ **Lapidação:** uma máquina corta esse sanduíche (madeira-mina-madeira) em formato de lápis.	

Elaborado com base em: Você sabe como são fabricados os lápis de colorir?, Secretaria da Educação do Estado de São Paulo. Disponível em: <https://www.educacao.sp.gov.br/noticias/voce-sabe-como-sao-fabricados-os-lapis-de-colorir/>. Acesso em: jan. 2020.

3 Ajude a escrever o **Dicionário científico das crianças**. Discuta com os colegas e elabore uma explicação para os três termos a seguir usados neste capítulo.

cloreto de sódio: _____

_____

evaporar: _____

_____

salina: _____

_____

4 Com qual das duas pessoas abaixo você concorda? Explique a sua resposta.

_____

_____

_____

A água no estado líquido pode sofrer condensação, transformando-se em vapor de água.

Quando a água líquida evapora, ela se transforma em vapor de água.

5 Faça, em grupo, uma pesquisa sobre salinas e exploração de sal no Brasil.
   a) Qual é a principal região de exploração de sal no Brasil?
   b) Como é a vida das pessoas que trabalham nas salinas?
   c) De que forma o uso de máquinas está mudando a exploração de sal nas salinas?

Unidade 3

Capítulo 8

Metais e ligas metálicas

1. Tente resolver o "enigma metálico" proposto pelo menino. Em seguida, com os colegas, pesquisem diferentes metais e criem outros enigmas metálicos. Registrem suas criações no caderno.

Sou um dos metais mais abundantes na natureza. Posso ser encontrado na bauxita ou na latinha de refrigerante. Quem sou eu?

Compartilhem os enigmas metálicos com os colegas.

2. Leia a manchete do jornal. Com base no que você aprendeu, troque ideias com os colegas e responda às questões.

SEGUNDO O INSTITUTO INTERNACIONAL DO ALUMÍNIO, CERCA DE 75% DO ALUMÍNIO OBTIDO DESDE O INÍCIO DA PRODUÇÃO EM LARGA ESCALA, EM 1888, CONTINUA EM USO NO MUNDO.

a) Como isso é possível, uma vez que o alumínio extraído da natureza já foi utilizado?

_____

_____

b) Qual é a sua opinião sobre essa informação? É importante que o alumínio extraído no final do século XIX ainda esteja sendo utilizado?

_____

_____

_____

_____

3 "Como os metais são obtidos e trabalhados pelo ser humano?" Imagine que esse é o tema do texto que você foi convidado a escrever para o jornal da escola. Releia os textos apresentados neste capítulo e escreva seu próprio texto abaixo.

JORNAL DA ESCOLA

> Procure usar as palavras: metais, líquido, sólido e fusão.

COMO OS METAIS SÃO OBTIDOS E TRABALHADOS PELO SER HUMANO?

Bobinas de alumínio.

Lingotes de alumínio.

Panela de alumínio.

Lata de alumínio.

Elementos representados em tamanhos não proporcionais entre si.

Unidade 4

Capítulo 9

Um mundo de invenções

1 Complete o quadro que as crianças começaram a fazer com o nome de máquinas ou aparelhos que vocês viram na unidade.

Mostre seu quadro aos colegas e veja o que eles fizeram.

Máquina ou aparelho	Funciona com	O que produz
liquidificador	energia elétrica	movimento
moinho		

2 Observe as invenções a seguir e classifique-as usando um ou alguns dos critérios do quadro abaixo.

Elementos representados em tamanhos não proporcionais entre si.

produz luz   produz calor   produz movimento   funciona com energia elétrica
funciona com energia do vento   funciona com energia do combustível

Barbeador.   Secador de cabelos.   Cortador de grama.   Lampião.   Turbina.

23

3 Ao visitar uma loja de brinquedos de madeira, você encontra duas peças com engrenagens parecidas com as utilizadas em moinhos. Curioso, você pede ao vendedor que o deixe segurar os brinquedos.

a) No primeiro brinquedo, você gira a engrenagem amarela em sentido horário e percebe que as engrenagens ao lado também se movimentam. Indique, sobre a fotografia, o sentido dos movimentos das engrenagens vermelha e roxa.

Elementos representados em tamanhos não proporcionais entre si.

b) No segundo brinquedo, você gira a engrenagem vermelha maior e observa o movimento da engrenagem amarela ao lado. Qual das duas gira mais rápido? Como você explicaria essa diferença?

_____
_____
_____
_____
_____

- Manuseando apenas a engrenagem vermelha grande, o que você deve fazer para girar a engrenagem vermelha pequena no sentido anti-horário?

  ☐ Girar a engrenagem vermelha grande em sentido horário.

  ☐ Girar a engrenagem vermelha grande em sentido anti-horário.

Unidade 4

Capítulo 10

Invenções para nos orientarmos: no tempo e no espaço

1. Um ciclo dia-noite representa o período de:

   ☐ um dia.

   ☐ uma semana.

   ☐ um mês.

2. A figura abaixo representa um exemplo de ciclo lunar completo, que engloba os diferentes aspectos da Lua vista da Terra. Esse ciclo lunar pode ser associado, de forma aproximada, ao período de:

   ☐ um dia.

   ☐ uma semana.

   ☐ um mês.

3. Com base no calendário com o ciclo lunar acima, determine quantos ciclos dia-noite compõem o mês de janeiro.

   _____

   _____

4. Ao observar duas fotografias de um relógio de sol produzidas no mesmo dia, em horários diferentes, o menino ficou em dúvida. Responda às perguntas dele.

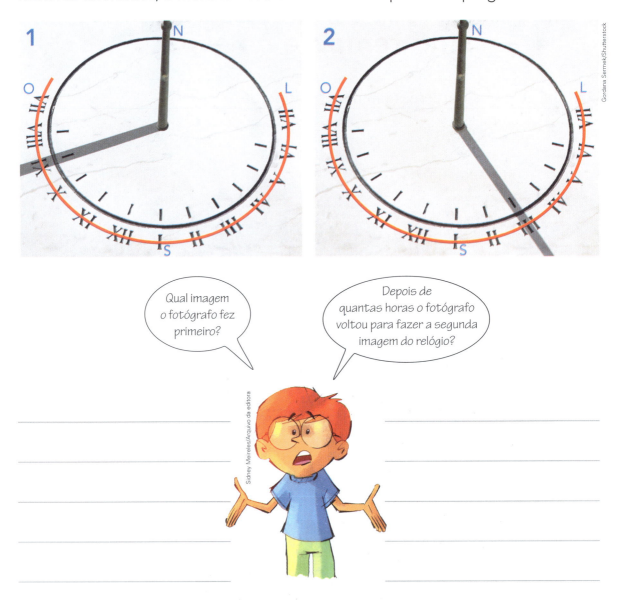

_____
_____
_____
_____

5. Descubra se você consome mais energia elétrica do que o necessário respondendo ao teste a seguir. Analise cada um dos itens e contorne a alternativa que corresponda a sua atitude.

Você consome mais energia elétrica do que o necessário?
- Quanto às luzes da sua casa:

   A. Você deixa as luzes acesas durante todo o dia.
   B. Você costuma acendê-las e se esquece de apagá-las ao sair do ambiente.
   C. Você só acende a luz quando está no ambiente e a apaga quando sai.

- Quanto à geladeira da sua casa:

  A. Ela é aberta sempre que necessário.

  B. Fica aberta enquanto você faz outras tarefas na cozinha.

  C. Você abre e retira dela tudo de que precisa para não ter de abri-la novamente.

- Quanto à televisão da sua casa:

  A. Você a deixa ligada mesmo quando ninguém está assistindo.

  B. Você não a desliga quando vai dormir.

  C. Você só a liga quando alguém realmente vai assistir.

- Quanto ao chuveiro elétrico da sua casa:

  A. Fica sempre na posição "Inverno".

  B. Fica ligado para aquecer a água antes de você entrar no banho.

  C. Fica sempre na posição "Verão".

- Quanto à duração do seu banho:

  A. Dura mais de meia hora.

  B. Leva entre 10 e 15 minutos.

  C. Leva entre 5 e 10 minutos.

Agora, descubra quantos pontos você fez. Faça as contas: cada resposta assinalada no item **A** vale 3 pontos, o **B** vale 2 pontos, e o **C**, 1 ponto.

5 pontos – Ótimo! Você está usando a eletricidade da maneira mais econômica.

6 a 10 pontos – Bom, mas você ainda pode melhorar. Tente identificar como você pode economizar mais.

11 a 14 pontos – Você precisa economizar mais. Identifique quais são as suas atitudes que ocasionam um gasto maior de eletricidade e tente modificá-las.

15 pontos – Você precisa mudar suas atitudes. Está gastando mais do que o necessário!

Uma leitura – um resumo

Unidade 1 – Ambiente e seres vivos

Leia o texto a seguir, que relata o que um famoso biólogo costumava fazer quando era criança. Depois, faça como ele e escreva no caderno um texto contando: Que animais e plantas você encontra no seu dia a dia? Que coisas interessantes sobre eles você já observou?

> Em sua resposta, procure resumir os assuntos mais importantes que você aprendeu na unidade 1 do livro.

Naturalista desde a infância

Aqui estava eu em 1939, um garotinho de 9 anos, sintonizado com qualquer nova experiência que tivesse algo a ver com a natureza, morando ao lado de um zoo e de um museu!

Eu passava horas a perambular pelas salas do museu, absorvido pela interminável diversidade de plantas e animais em exposição, perdido em sonhos de distantes selvas e **savanas**.

No zoo eu vivi dias felizes a seguir cada trilha, a explorar cada jaula e recinto envidraçado, observando tigres, rinocerontes, crocodilos...

Próximo ao zoo ficava o parque, um local arborizado, no qual me aventurava em "expedições". Nesses confins, não encontrava elefantes para fotografar nem tigres para pegar em armadilhas. Mas os insetos estavam em toda parte e em abundância.

Durante as excursões, tomei-me de paixão pelas borboletas! Usando redes feitas em casa com cabos de vassouras, cabides de arame e sacos de **talagarça**, capturei meus primeiros exemplares de diferentes espécies de borboletas...

Adaptado de: WILSON, Edward O. **Naturalista**. Rio de Janeiro: Nova Fronteira, 1994.

- **savanas:** vegetação com poucas árvores e muitas gramíneas que passa por longos períodos de seca.
- **talagarça:** tecido de fios ralos.

Troque ideias com os colegas: Você costuma observar a natureza? O que mais desperta a sua atenção?

28

Unidade 2 – Água, solo e ser humano

 Reflita sobre o texto abaixo e relembre o que você estudou na unidade 2. Depois, no caderno, responda: O que podemos fazer para "cuidar" do solo e da água?

> Em sua resposta, procure resumir os assuntos mais importantes que você aprendeu na unidade 2 do livro.

Lixo nas ruas e enchentes

Você se lembra da atividade na qual você cobriu uma minimontanha com plástico e simulou a chuva caindo sobre ela? Nesse caso, a água deve ter escorrido sobre a lona e não deve ter penetrado no solo.

Nas ruas cobertas por asfalto algo semelhante acontece: a água não penetra no solo e escorre pela sua superfície. E você sabia que isso pode contribuir para a ocorrência de enchentes? Veja só:

1. Quando chove, toda a água das chuvas escorre sobre as ruas até chegar a um bueiro.
2. A água que entra nos bueiros corre dentro de tubos até desaguar em um rio ou córrego.
3. Quando chove muito, nem sempre é possível escoar toda a água da chuva, o que ocasiona enchentes.

Um dos motivos que podem dificultar o escoamento de água nas cidades e contribuir para que ocorram enchentes é a presença de lixo nas ruas. E você sabe por quê?

Quando chove, a enxurrada leva junto o lixo. Esse lixo colabora para entupir os bueiros e as tubulações, prejudicando a passagem da água. Assim, mais água fica acumulada no meio do caminho, o que significa que lá vem enchente...

Esse é um dos motivos pelos quais se diz que não devemos jogar ou deixar lixo na rua. Cá entre nós, um motivo bem razoável, você não acha?

Texto do autor.

As enchentes causam muitos transtornos a todos.

Unidade 3 – Recursos naturais e transformações

Leia a história em quadrinhos. Depois, no caderno, responda: Que tipos de recurso você utiliza no dia a dia? Na produção de quais objetos eles são aplicados?

Em sua resposta, procure resumir os assuntos mais importantes que você aprendeu na unidade 3 do livro.

Turma da Mônica. Economia do Dia a Dia – SPC. Disponível em: <www.turmadamonica.com.br>..

Unidade 4 – Invenções engenhosas

Leia o texto. Depois, no caderno, responda: Invenções podem promover a economia de energia nas residências, mas atitudes simples, ao alcance de todos, contribuem muito para evitar o desperdício energético. O que a sua família pode fazer para diminuir o consumo de energia elétrica em casa?

> Em sua resposta, procure resumir os assuntos mais importantes que você aprendeu na unidade 4 do livro.

Como funciona a lâmpada de garrafa PET?

Ela funciona como uma espécie de lente que ilumina a casa sem utilizar energia elétrica, apenas refletindo a luz do sol. O mais legal é que a lâmpada não custa nada, já que é feita de materiais reaproveitados, e pode gerar uma economia de até 30% na conta de luz. Inventada em 2001 pelo mecânico de carros Alfredo Moser, de Uberaba (MG), [...] estima-se que, até 2015, a lâmpada de Moser já tenha beneficiado cerca de 1 milhão de pessoas.

[...]

1) A lâmpada é feita com uma garrafa PET transparente de 2 litros cheia de água e 4 colheres de água sanitária – para evitar que a proliferação de algas deixe a água turva.

2) Ela é instalada através de um furo circular no telhado, vedado com massa plástica ou cola de resina, para evitar goteiras em dias de chuva. Sobre a tampinha, coloca-se um potinho preto de plástico para fazer sombra e evitar que ela resseque e rache com o sol.

3) A lâmpada não funciona à noite, é claro. Mas é uma excelente solução para residências em regiões pobres e sem acesso a energia elétrica. Onde já existe luz, ela ajuda a economizar até 30% na conta. E é totalmente ecológica!

4) Os raios de luz do sol incidem na parte da garrafa sobre o telhado e viajam por refração por dentro da água – vazia, ela não funciona! O fundo simétrico e ondulado do recipiente faz com que a luz seja uniformemente distribuída pelo cômodo.

ZANELATO, Débora. Como funciona a lâmpada de garrafa PET? **Superinteressante**, 15 jul. 2014. Disponível em: <https://abril.com.br/mundo-estranho/como-funciona-a-lampada-de-garrafa-pet/>. Acesso em: fev. 2020.

32